4月17日北見市川沿町無加川河川敷

4月17日北見市とん田西町無加川河川敷

エゾヤナギ♀　7月14日北見市川東常呂川河川敷

オオバヤナギ♂　7月15日北見市川沿町無加川河川敷

目　　次

ヤナギ科　ヤナギ属

ヤナギ科分類体系の見直し

　　下記著書によってヤナギ科の分類体系が見直されたので、関係ある種について新しい体系で記述した。

1.　エゾノバッコヤナギはバッコヤナギと同一種。
　　　エゾノバッコヤナギは裸材に隆起線がほとんどないことで、バッコヤナギと区別されていたが同一種であるとされた。

2.　トカチヤナギ(オオバヤナギ)は　オオバヤナギ属 Toisusu　とされていたが、　ヤナギ属 Salix　と同属とされた。

3.　シダレヤナギは下記著書では、札幌より北では寒さに弱いため生育できず、コゴメヤナギとの雑種シロシダレヤナギと推定されるとしている。調べたシダレヤナギは、成葉で中央脈に軟毛が残り、雑種の可能性があるがシダレヤナギとして記載した。

一年生枝　春新しく芽から伸び生長し、秋落葉木化した一年生の枝をいう。

学名、和名の記載は、下記著書に準拠した。
　　別名は、(　)で示した。
　　編者　大橋広好・門田裕一・木原浩・邑田仁・米倉浩司
　　　　　改訂新版　日本の野生植物3　　　平凡社　　　2016

エゾノキヌヤナギ
Salix schwerinii E. L. Wolf

- 河畔林として河川の両岸、水辺に見られる最も普通の落葉樹で、高さ6〜13m。雌雄異株。
- 若葉は表面に白綿毛、裏面に密絹毛があり、先を除いて縁は裏に巻く。成葉は披針形で長さ8〜20cm、全縁、裏面は絹毛を密生し銀白色。托葉は披針形、線形まれに半心形、長さ3〜16mm。

7月5日北見市川沿町　♂

7月30日北見市光葉町　♂

7月15日北見市川沿町　♀

7月14日北見市川東　♀

托葉

♀　6月26日北見市川沿町　♀

2

エゾノキヌヤナギ

- 一年生枝は、緑黄褐色はじめ灰色の密毛あるが後落ちる。皮目は目立ち、斜上しややまっすぐに伸びる。
- 冬芽は長楕円形で扁平、黄褐色の芽鱗は灰白色の密毛（絹毛）がある。
  葉芽は小さく長さ3〜6mm、アヒルのくちばし状、伏生し、枝の頂部と下部に多い。
  花芽は大きく長さ5〜12mm、円筒状紡錘形。まるまるして葉芽の平たいのとは区別できる。
- 幹は直径30cmくらいになり、樹皮は灰褐色または暗褐色で、縦に不規則な割れ目が入る。

一年生枝　頂部の葉芽　中間部の花芽　下部の葉芽

頂部　中間部　葉芽　花芽　中間部　下部

葉芽　葉芽　花芽　葉芽　花芽　葉芽　皮目

11月17日北見市川沿町 ♂　　11月16日北見市川沿町 ♀

3

エゾノキヌヤナギ

- 花期は4月中旬〜5月中旬。尾状花序は短い柄があるか無柄で葉より先に出る。柄の基部に小さい
  葉を2、3枚つける。(次ページ花序の写真参照)

♂　4月21日北見市川沿町　♂

♀　4月21日北見市川沿町　♀

4月17日北見市とん田東町　♂

4月29日北見市富里　♀

エゾノキヌヤナギ

- 雄花－雄花序は卵形～長楕円形、長さ2～3.5cm。雄蕊は2個、花糸は離生、無毛、葯は橙黄色。苞は長楕円形鋭頭から鈍頭、上半部が黒褐色、両面に白色の長毛がある。腺体は1個、線形で切頭。
- 雌花－雌花序は円柱形で長さ3.5cmくらい。子房は卵形、白色短毛を密生、花柱は細長く、柱頭は短く、2浅裂する。苞と腺体は雄花と同じ。果序は長さ4～6cm、蒴果は上から2裂してそりかえる。種子は下部につく白綿毛に包まれる。

オノエヤナギ （ナガバヤナギ）
Salix undensis Trautv. et C. A. Mey.

- 湿地や河岸に生え最も普通に見られる落葉樹、高さ10〜15m。雌雄異株。
- 若葉の表面はほぼ無毛、縁は先を除き裏面に巻き込む。成葉は披針形ないし狭長楕円形で長さ8〜16cm、表面は暗緑色、無毛で光沢がある、裏面は白淡緑色、波状微鋸歯縁、縁は葉裏に巻き込む。托葉は明瞭、腎形で先は尖る、長さ5〜9mm。

♂ 7月15日北見市川沿町 ♂

♀ 7月15日北見市川沿町 ♀

托葉

♀ 6月26日北見市川沿町 ♀

6

オノエヤナギ

- 一年生枝は黄緑褐色～赤褐色、無毛、皮目をやや多く散生し、細く斜上し真直ぐ伸びる。
- 冬芽は長楕円形で扁平、黄褐色～赤褐色、ほぼ無毛か白軟毛がある。
  葉芽は小さく長さ3～6mm、先が丸く尖り伏生し、枝の頂部と下部に多い。
  花芽はやや大きく長さ7～10mm、円筒形、枝の中間部に多い。
- 幹は直径40cmになる。樹皮は灰褐色または暗褐色、縦に筋状の割れ目が入る。

♂　11月16日北見市川沿町　♂

オノエヤナギ

- 花期は5月。エゾヤナギ、ネコヤナギ、エゾノキヌヤナギなどより開花が少し遅い。
  尾状花序は葉より先に出て、無柄または短柄で、柄上に小葉を2～3枚つける。

♂　5月3日北見市光葉町　♂

♀　4月29日北見市富里湖畔　♀

♂　5月3日北見市光葉町　♀

オノエヤナギ

- 雄花－雄花序は円柱形、長さ2〜4cm。雄蕊2個、花糸は離生無毛、葯は黄色先は橙色を帯びる。苞は長楕円形、円頭から鋭頭、上半部が暗褐色、両面に白色の長毛がある。腺体は1個、線形で切頭。
- 雌花－雌花序は細長い円柱形、長さ2〜4cm。子房は卵状円錐形灰白色の短毛があり、柄は腺体と同長または少し短い、花柱は子房と同長、柱頭は2半裂する。苞、腺体は雄花と同じ。果序は長さ5〜7cm、蒴果は2裂しそりかえる。種子は下部につく白色綿毛に包まれる。

5月22日北見市川沿町

5月27日北見市花園町

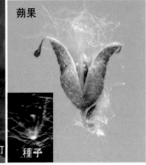

9

ヤナギ科　ヤナギ属

エゾヤナギ
Salix rorida Laksch.

・ 小石の多い川岸に生える落葉樹、高さ15m。老木は大きい木が多い。雌雄異株。
・ 若葉は先を除き両側が裏に巻く。成葉は長楕円状披針形で、長さ8〜12cm、細鋸歯縁、表面は深緑色で光沢がある、裏面粉白色、両面無毛。托葉は卵円形で先が尖るのもある、鋸歯があり、遅くまで残る、長さは8〜14mm。

♂ 7月2日北見市川沿町 ♂

7月5日北見市川沿町 ♀

♀ 7月5日北見市川沿町 ♀

托葉

♂ 7月2日北見市川沿町 ♂

エゾヤナギ

- 一年生枝は赤褐色〜褐緑色、無毛、しばしば粉白色を帯び、皮目を散生し、細い枝は垂れ下がる。
- 冬芽は長楕円形、黄褐色〜紫褐色、薄く白粉を帯びるのが多い。
  葉芽は長さ4〜8mm、アヒルのくちばし状で先が尖り伏生する。
  花芽は長さ12〜18mmと大きく、紡錘状卵形で先が尖り、冬早く鱗片がとれ綿毛を出す芽もある。
- 幹はまれに直径1mにもなる。樹皮は灰褐色縦に不規則の割れ目が入る。

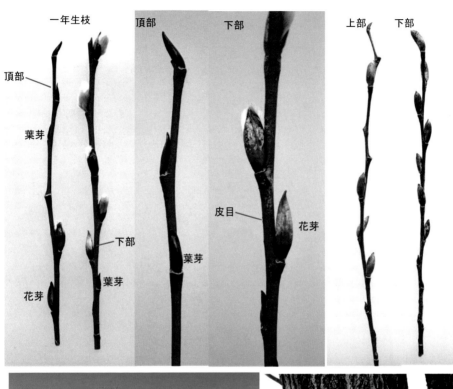

一年生枝　頂部　下部　上部　下部
頂部
葉芽
下部
花芽
葉芽
皮目
花芽
葉芽

♂　11月17日北見市川沿町　♂

11

ヤナギ科 ヤナギ属

エゾヤナギ

・ 花期は4月、尾状花序は葉より先に出て、密に花をつけ、無柄。花序は枝がしだれるので、穂先を上
　に向けようとするため、上向き横向きが目立つ。

♂　4月11日北見市川東　♂

♀　4月10日北見市川東　♀

♂　4月18日北見市川東　♀

12

エゾヤナギ

- 雄花－雄花序は楕円形、長さ3～4cm。雄蕊2個、花糸は無毛、葯は黄色。苞は狭倒卵形鈍頭基部はくさび形、両面に長毛があり、上半部か黒色、下半部が緑色で両縁に多数の腺がある。腺体は1個、長楕円形で切頭。
- 雌花－雌花序は長楕円形、長さ4cmくらい。子房は長卵形で無毛、柄は腺体よりわずかに長い。花柱は長く子房の柄と同長。苞と腺体は雄花と同じ。苞下半両縁の腺は雄花よりはっきりとでる。果序は長さ4～5cm。種子は基部につく白色綿毛に包まれる。
- 苞の下半両縁に腺のないものを コエゾヤナギ　f. *roridiformis* という。

雄花

腺

雌花

腺

♂花序

♀花序

4月18日北見市川東

果序

5月14日北見市無加川町

果序

種子　　　　　　　5月22日北見市川沿町

ネコヤナギ

Salix gracilistyla Miq. var. gracilistyla

- 山野の川のふち、平野の河岸など水辺の近くに生える、落葉低木で高さ3m。雌雄異株。
- 若葉は表面に白色の軟毛、裏面は白色の絹毛を密布。成葉は長楕円状披針形で長さ7〜13cm,表面は鮮緑色、裏面は灰白色で絹毛をやや密生し、葉脈が浮きでている。托葉は半月形で、裏面に毛がある、長さ6〜10mm。

7月2日北見市川沿町　♂

7月15日川沿町　♂

7月2日川沿町　♂

♀　7月15日北見市川沿町　♀

托葉

7月2日川沿町　♂

14

ネコヤナギ

- 一年生枝は緑褐色で長く、灰色の軟毛を密生するが、のち無毛となる。皮目は大きく数は少ない。
- 冬芽は赤褐色～褐色、灰白色の絹毛につつまれる。

  葉芽は長さ4～6mm、小さく円錐形で先が尖り伏生する。

  花芽は長さ8～15mm、紡錘形で先が尖り、赤褐色～褐色の1枚の鱗片に包まれるが、さらに葉柄が肥大して鱗片化し冬芽を包む。冬早くから鱗片がとれ、白い綿毛をのぞかせる花芽もある。
- 幹は直径15cmくらいになる。樹皮は灰白色でほぼ平滑、下からよく分枝する。

一年生枝　頂部葉芽　下部花芽　　　1年生枝

頂部　下部　花芽　肥大化した葉柄　花芽

葉芽　皮目　葉芽

♂　11月16日北見市川沿町

15

ネコヤナギ

・花期は4月～5月、尾状花序は葉より先に出て無柄、円柱形で弓曲するか斜上し上を向く。

♂　4月15日北見市とん田東町　♂

♀　4月20日北見市川沿町　♀

4月14日北見市とん田東町　♂

4月20日北見市川沿町　♀

16

ネコヤナギ

- 雄花ー雄花序は長さ3〜5cm。雄蕊は2個、花糸は上部まで合体し1本となり無毛。葯ははじめ紅色、花粉が出たあと黒くなる。苞は広披針形鋭尖頭、上半部が黒色、中部は帯紅色、下部は淡黄緑色、両面に白色の長毛を密生する。腺体は1個、線形で切頭。
- 雌花ー雌花序は長さ3〜6cm。子房は長卵形やや無柄、白毛を密生し、花柱は細長い、柱頭は短く4つに分かれる。苞と腺体は雄花と同じ。果序は花後伸び長さ9cmに達し、蒴果は先が2裂し反り返る。

雄花

雌花

♂花序

4月14日北見市東相内

♀花序

4月20日北見市川沿町

果序

5月17日北見市川沿町

果序

5月22日北見市川沿町

種子

バッコヤナギ （ヤマネコヤナギ）

Salix caprea L.

- 山地や平地に生える落葉高木で、高さ15m。雌雄異株。裸材に隆起線はほとんどない。
- 若葉は表面に軟毛があるが、間もなく落ちる。成葉は楕円形〜長楕円形、長さ8〜15cm、鈍鋸歯縁か全縁、裏面に毛を密生、互生する。托葉は卵形から腎形、鈍鋸歯縁、長さ2〜3mm。

♂ 7月3日北見市南丘

7月4日北見市川東 ♀

托葉

♀ 7月3日北見市南丘 ♀

バッコヤナギ

- 今年の枝は微軟毛があるが間もなく落ちて褐紫色、一年生枝は黄褐色、無毛、円形の皮目がある。
- 冬芽は赤褐色〜栗色で無毛、1枚の芽鱗に包まれる。
  葉芽は長さ4〜8mm、卵形で先が丸く尖る。仮頂芽は側芽とほぼ同じ大きさ、下部の側芽は小さい。
  花芽は長さ8〜12mm、卵形ないし広卵形で大きく、先が丸く尖り、つやがある。
- 幹は直径60cmになる。樹皮は暗灰色、古くなると不規則な割れ目ができる。

11月14日北見市川東 ♀

11月12日 北見市南丘 ♂

11月18日北見市緑ヶ丘 ♀

ヤナギ科　ヤナギ属

バッコヤナギ

・ 花期は4〜5月、尾状花序は葉より先にでて、短い柄があり、2〜3枚の鱗片状の小葉がある。
開花時期には、大きく枝を伸ばしやや円型の樹冠に、雄株は淡黄色の花をつけるので、早春の
山肌に目立つ。雌株はやや緑色を帯びた花をつける。

♂　4月24日北見市緑ヶ丘　♂

4月24日北見市緑ヶ丘　♀

5月13日北見市昭和　♀

4月27日北見市緑ヶ丘　♂

5月13日北見市昭和　♀

20

バッコヤナギ

- 雄花－雄花序は楕円形、長さ2〜2.5cm。雄蕊2個、花糸は離生し、基部に毛がある。葯は黄色。苞は披針状長楕円形、上半部が黒褐色、両面に白色の長毛がある。腺体は1個、円柱形で切頭。
- 雌花－雌花序は円柱状長楕円形、長さ2.5〜3.5cm。子房は長い柄があり毛を密生する、花柱は短く、柱頭は2深裂する。苞、腺体は雄花と同じ。果序は成熟すると長さ5〜7cmになり、蒴果は柄があり先から2裂しそりかえる。

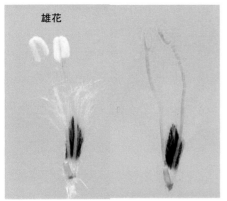

雄花

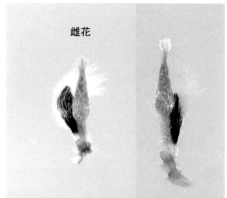

雌花

♂花序

小葉

♀花序

小葉

4月24日北見市緑ヶ丘

果序

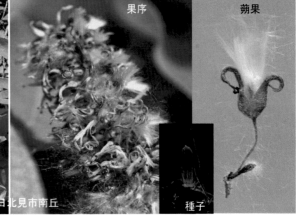

果序

蒴果

種子

5月31日北見市南丘

タライカヤナギ
Salix taraikensis Kimura

・ 湿原の周辺や山地の日当たりの良い所に生える落葉低木、幹は叢生し高さ5m。雌雄異株。
・ 若葉は両面に微軟毛があるがすぐに落ちる。成葉は長楕円形〜楕円形、長さ6〜10cm、波状鈍鋸歯
縁か全縁、裏面粉白色か淡緑色で無毛。托葉は半心形で細鋸歯がある、長さ2〜10mm。

♂ 7月24日北見市上仁頃 ♂

7月3日北見市南丘 ♀

♀ 7月3日北見市昭和 ♀

托葉

6月7日北見市南丘

22

タライカヤナギ

- 今年の枝は、はじめ絹毛があるが間もなく落ちて無毛となり、夏には黄緑色〜帯赤褐色になる。一年生枝は完全に無毛、黄褐色ないし赤褐色で光沢があり、円形の皮目を散生する。
- 冬芽は長楕円形でやや扁平、円頭、両側に稜角があり、褐色〜黒褐色で無毛。
  葉芽は長さ6〜8mm、花芽よりやや小さいく背面のふくらみが少ない以外は、ほぼ同形。
  花芽は長さ6〜10mm、葉芽よりややふくらみがあるがほぼ同形で、外見での区別は困難。
- 幹は直径10cmくらい、根元から数本に分かれ、樹皮は暗灰色、古くなると不規則な割れ目が入る。

♂　11月9日北見市上仁頃　♂

23

タライカヤナギ

- 花期は5〜6月、尾状花序は葉と同時か少し先にあらわれ、中軸に絹毛がある。
- 開花時期は、エゾヤナギ、ネコヤナギ、エゾノキヌヤナギ、オノエヤナギより遅く、タチヤナギの開花する頃になる。
- 山地の日当たりのよい山肌に、淡黄色の花をつけるエゾノバッコヤナと混生するが、開花時期は2週間くらい遅く、尾状花序に残る冬芽の芽鱗の色、形からも区別できる。
- 図鑑を調べると湿原の周辺や、山地の日当たりのよい所に生える樹木であるが、北見では日当たりの良い道路の法面、畑の周辺などで見かける、個体数は少ない。

5月12日北見市上仁頃　♂

5月12日北見市上仁頃　♂

5月13日北見市上仁頃　♂

5月9日北見市南丘　♀

♀　5月9日北見市南丘　♀

タライカヤナギ

- 雄花－雄花序は広楕円形～長楕円形、長さ2～3cm。短い柄があり小葉が2、3枚ある。雄蕊2個、花糸は離生、下部に毛がある。苞は長楕円形、鈍頭、上半部は黒褐色、下部は淡黄緑色、中間部はしばしば紅色を帯びる。腺体は1個、黄色または黄緑色で、四角柱状卵形、先端は切形または鈍形。
- 雌花－雌花序は長楕円形、長さ2～3cm。柄は雄花序と同様の小葉がある。子房は狭卵形、白色の絹毛を密生、柄は長く絹毛がある。花柱は短い、柱頭は2深裂。苞と腺体は雄花と同じ。果序は長さ5～8cmと花後伸びる。

雄花

雌花

♂花序

♀花序

5月13日北見市上仁頃

5月9日北見市南丘

果序

果序

蒴果

5月31日北見市南丘

種子

25

タチヤナギ
Salix triandra L.

- 日当たりのよい水辺や河川敷に群生する落葉小高木、高さ10m。雌雄異株。
- 若葉は中央部が紅色を帯び、両端は緑色。成葉は長楕円状披針形、長さ5〜15cm、細鋸歯縁、表面は緑色、裏面は淡緑色で紛白を帯びる。両面無毛、質はやや厚い。托葉はほとんどつかないが腎形から披針形、枝に面する側に乳頭状突起がたくさん並ぶ、長さは2〜3mm。

7月6日北見市川東 ♂

7月23日北見市南丘 ♂

7月3日北見市南丘 ♀

♀ 7月3日北見市南丘 ♀

若葉

托葉

7月2日北見市川沿町

26

タチヤナギ

- 一年生枝は灰褐色〜灰黄褐色、ろう物質をかぶり無毛長く伸びる。ほぼ円い皮目を散生する。
- 冬芽は長楕円形で先は細くやや扁平、黄褐色〜赤褐色、1枚の芽鱗につつまれ、伏生する。

  葉芽は長さ3〜5mm。花芽は長さ5〜7mm、花芽はやや大きく、ふくらみがある。

- 幹は直径30cmくらいになり、斜上、曲折が多い。樹皮は褐色、縦に割れないで、うすく剥がれ落ちる。

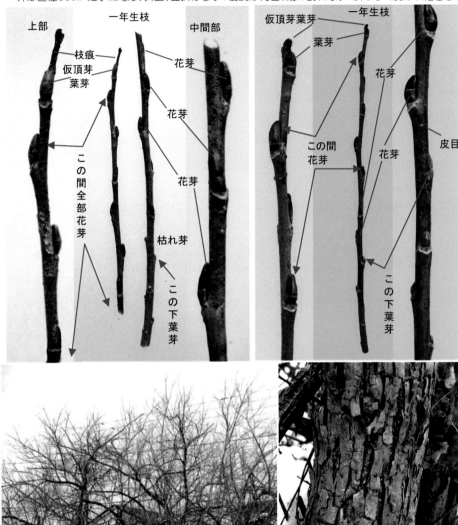

♂　11月10日北見市川東　♂

27

ヤナギ科　ヤナギ属

タチヤナギ

・開花は5月、他のヤナギより少し遅い。尾状花序は、小型の葉を3～6枚つけた短い柄が出て、その先に上向きにつく。

♂　4月30日北見市南丘　♂

♀　4月30日北見市南丘　♀

♂　4月30日北見市南丘　♀

タチヤナギ

- 雄花－雄花序は長さ2〜6cm。雄蕊3個、花糸は離生、下部に長毛がある、葯は黄色。苞は淡黄緑色、狭倒卵形、外面下半に軟毛が多い。腺体は2個、黄緑色、腹腺体は卵状長楕円形、背腺体は線形。
- 雌花－雌花序は長さ2〜5cm、淡緑色。子房は緑色無毛、柄があり無毛、花柱はきわめて短く、柱頭は凹頭または2中裂。苞は淡緑色以外雄花の苞に同じ。腺体はふつう1個、卵状長楕円形、黄色。果序は長さ5〜7cm、6月に成熟する。

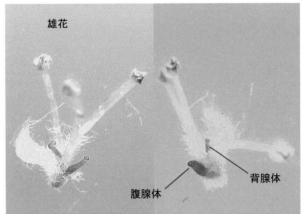

雄花

背腺体

腹腺体

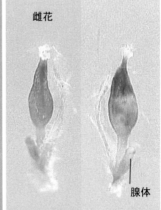

雌花

腺体

♂花序

4月30日北見市南丘

♀花序

5月2日北見市川沿町

果序

5月27日北見市花園町

果序

5月30日
北見市末広町

種子

29

シダレヤナギ

Salix babylonica L. var. *babylonica*

- 水湿地によく育ち、公園や並木などに植えられている中国原産の落葉高木、高さ15〜20m。太い枝は斜上または開出するが、細い枝は長く垂れ下がる。雌雄異株。
- 若葉は黄緑色、両面に白軟毛がある。成葉は線状披針形、先は次第に狭くなり、長さ8〜13cm。細鋸歯縁、表面は濃緑色、裏面は粉白色。葉の両面中央脈に軟毛が残る、表面だけ残る、ほとんどないなどの違いがある。葉柄には軟毛がある。托葉はまれで小さく、卵形または半心形、鋭尖頭。

♂　10月1日北見市野付牛公園　♂　　　　7月22日北見市野付牛公園　♂

♀　9月24日北見市野付牛公園　♀

托葉

♀　7月1日北見市野付牛公園　♀

30

シダレヤナギ

- 今年の枝は、枝先に細軟毛があるが後無毛となる。一年生枝は淡黄緑色～淡黄褐色でややつやがあり、楕円形の皮目が散在する。2～3年生枝はろう物質を被る。
- 冬芽は卵形～長卵形で互生する。
  葉芽は長さ3～5mm。花芽は長さ4～6mm、葉芽よりやや大きく丸みがある。
- 幹は直径70cmに達する。樹皮は灰暗色、縦に割れ目が入る。

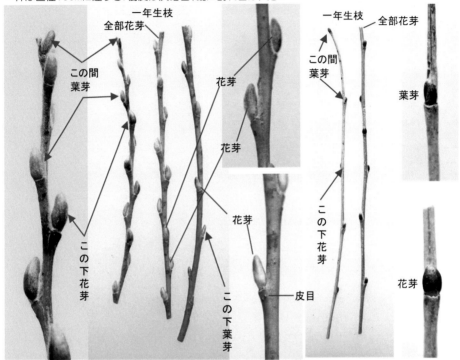

♀　11月24日北見市野付牛公園　♂

31

シダレヤナギ

・花期は5月、尾状花序は葉より先に出て、円柱形で上に向かって湾曲する、短い柄があり小葉を3〜5
　枚つける。

♂　5月4日北見市野付牛公園・♂

♀　5月4日北見市野付牛公園　♀

♂花序

♀花序

果序

種子

32

シダレヤナギ

- 雄花ー雄花序は長さ2〜4cm。雄蕊2個、花糸は根もとで合着しつき具合はいろいろ、根もとに近い方に毛がある、葯は黄色。苞は淡黄色で卵状楕円形、外面基部に毛があり上部はやや無毛。腺体2個、腹腺体は広卵形で黄色、背腺体は長楕円形で黄色。
- 雌花ー雌花序は長さ1.5〜2cm。子房は狭卵形無毛、花柱は短く柱頭は円頭ないし凹頭。苞は雄花と同じ。腺体は1個で広楕円形、黄色。果序は長さ2.5cm前後になる。

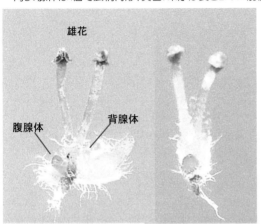

雄花

腹腺体　　背腺体

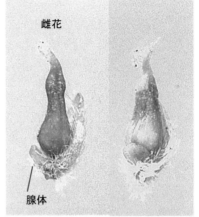

雌花

腺体

♂花序

♀花序

5月4日北見市野付牛公園

果序

6月13日北見市野付牛公園

33

イヌコリヤナギ
Salix integra Thunb.

- 日あたりのよい小川のふちや湿地に生える落葉低木。高さ2〜3m。雌雄異株。
- 小枝は下から叢生し、細くまっすぐに伸長する、淡黄褐色ないし褐色、無毛で平滑。
- 若葉は紅色を帯びた黄緑色、ふちは外に巻く。成葉は長楕円形で長さ4〜10cm、対生ときに互生、鈍円頭で微凸端、上面緑色、下面粉白色、両面無毛、低細鋸歯縁。葉柄はきわめて短く、托葉はない。

♂ 7月4日北見市川東 ♂

♀ 7月4日北見市川東 ♀

7月4日北見市川東 ♀

イヌコリヤナギ

- 一年生枝は緑褐色～紅紫色、無毛、やや光沢があり、まっすぐ伸びる。円い皮目がある。
- 冬芽は対生するが、ときに亜対生や互生も見られる。仮頂芽は2個付く。芽鱗は1枚で、紅紫色
  ～柴褐色で無毛。
- 葉芽は長さ3～5mm。長卵形で、いくらか偏平。花芽は長さ4～7mm、長卵形で先がまるく尖る。
- 幹は太いもので直径20cmになる。枝分かれし、樹皮は灰緑色平滑。

♀　11月14日北見市川東　♀

35

イヌコリヤナギ

・花期は5月、尾状花序は葉より先に出て開花する。細長い円柱形、斜上に開出し、短い柄があり、3〜4枚の小葉をつける。

♂ 4月25日北見市川東 ♀

♂ 5月5日北見市川東 ♂

♀ 5月5日北見市川東 ♀

イヌコリヤナギ

- 雄花－雄花序は長さ2～3cm。雄蕊は2個、花糸は合成し1本になり、下部に短毛がまばらにある。葯は濃紅色、花粉が出たあとは黒くなる。苞は倒卵状長楕円形、上部は黒色、下部は淡緑色、両面に長い白軟毛がある。腺体は1個狭卵形切頭、黄緑色または紅色。
- 雌花－雌花序は長さ1.5～2.5cm。子房は卵形白色の短毛を密生、やや無柄、花柱は短い、柱頭は2分裂。苞と腺体は雄花に同じ。果序は長さ3～5cmになる。

雄花　　雌花

♂花序　　♀花序

5月5日北見市川東

果序　　果序　　蒴果

5月30日北見市川東　　種子

37

コリヤナギ

Salix koriyanagi Kimura ex Goerz

- 根元近くから多数の幹や枝を出し、高さ1～3mになる落葉低木で雌雄異株。水辺に栽培され、こうりやバスケットの材料として用いられる。
- 若葉は紅色を帯びた黄緑色で無毛。成葉は対生または互生し、葉身は線形から広線形、鋭頭または鋭尖頭、ふちは上部に低細鋸歯があり、下部は全縁、表面は深緑色、下面は粉白色、両面無毛、長さ6～11cm、葉柄は5mmくらい。托葉はない。

6月28日北見市川東 ♂

7月14日北見市川東 ♂

9月24日北見市川東 ♂

7月14日北見市川東 ♂

9月22日北見市川東 ♂

7月6日北見市川東 ♂

38

コリヤナギ

- 一年生枝は細くまっすぐに上向し、初めから無毛、淡緑褐色〜淡褐色。皮目はやや突出し、円形ないし楕円形で、散在する。
- 冬芽は対生するが、亜対生や互生も見られる。淡黄褐色ないし赤褐色、長楕円形、無毛。葉芽は小さく長さ3〜5mm、扁平で先が円く尖り、伏生する。花芽は大きく長さ6〜8mm、円味のある紡錘形。
- 幹は細い枝を多く出す。樹皮は灰緑色で表面にしわが出る。

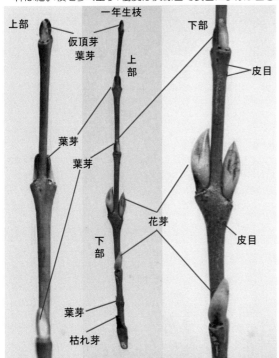

♂　11月10日 北見市川東　♂

39

コリヤナギ

- 花期は4月下旬〜5月。尾状花序は葉より先に出て開花し、細い円柱形で斜上に開出し、しばしば弓状に曲がる。無柄または短柄があり、柄に2〜5枚の線形の小葉がつく、軸に白色長毛がある。
（雌の木は川東のこの湿地に混生していたが伐採されてなくなった）

4月21日北見市川東 ♂

♂ 4月21日北見市川東 ♂

コリヤナギ

- 雄花－雄花序は長さ2～3cm。雄蕊2個、花糸は合生し、基部に毛がある。葯は紅色。苞は倒卵形、先は黒色、中部は淡紅色、基部は淡色両面に白長毛がある。腺体は1個、狭卵形、切頭、紅色。
- 雌花－雌花序は長さ2～3cm。子房は狭卵形、白色の短毛を密生、柄はきわめて短い、花柱は腺体とほぼ同長、柱頭は紅色2裂する。苞と腺体は雄花と同じ。（図鑑より引用）

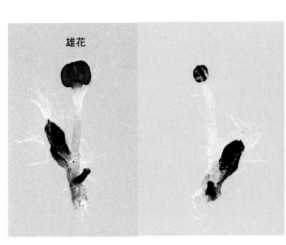

雄花

♂花序

4月21日北見市川東

4月21日北見市川東 ♂

41

トカチヤナギ　（オオバヤナギ）

Salix cardiophylla Trautv. et C. A. Mey.

- 河岸の砂礫地に生える落葉高木、幹は直立し、高さ30m。雌雄異株。
- 若葉は裏面に微毛が多い。成葉は長楕円形先は尖る、長さ10〜20cm、表面緑色、裏面粉白色、無毛、細鋸歯縁、葉脈は裏面に凸出する。托葉は半円形ないし心形、縁に鋸歯がある。長さ5〜10mm。

7月15日北見市川沿町 ♂

7月9日北見市無加川町 ♀

托葉

7月2日北見市川沿町 ♂

トカチヤナギ

- 一年生枝はほとんど無毛、秋から春にかけて赤褐色で光沢がある。ときには白粉をかぶり、いくらか
ジグザグに屈折する。皮目は小さく多数ある。
- 冬芽は長楕円状円錐形、先は尖り無毛、互生。葉芽は長さ4～9mm、花芽は長さ5～10mm、形、大きさ
に変化が少ない。
- 幹は直径60cmになる。樹皮は灰褐色で縦にさける。

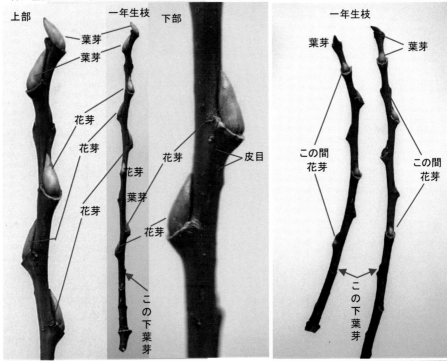

上部　　　　一年生枝　　下部　　　　　　　　　　　　一年生枝

葉芽　葉芽　　　　　　　　　　　　葉芽　　　　葉芽

花芽　花芽　花芽　　皮目

花芽　花芽　　　　　　　　　　　この間花芽　　この間花芽

花芽　葉芽

花芽

この下葉芽　　この下葉芽

♂　11月17日北見市川沿町　♀

43

トカチヤナギ

・花期は5〜6月。尾状花序は葉をつけた短枝に頂生し、円柱形、軸に短毛があり、花時には下垂する。

5月7日北見市川沿町　♂

5月15日北見市豊田無加川　♀

♂　5月15日北見市豊田無加川　♂

♀　5月15日北見市豊田無加川　♀

44

トカチヤナギ

- 雄花ー雄花序は長さ3〜8cm。雄蕊は5〜10個、花糸は離生、不等長、下部は有毛、葯は黄色。苞は広倒卵状、淡黄緑色、縁に密毛がある。腺体は腹部、背部それぞれに1〜3本ある。
- 雌花ー雌花序は長さ5〜10cm。子房は長楕円形下部が膨らみ、上半に密毛があり、有柄。柱頭は2個、披針形、そりかえる。苞は倒卵状くさび形、縁に疎毛がある。腺体は子房の柄の左右に各1個あり球形。果序は成熟すると長さ10〜14cmになる。

雄花

雌花

♂花序

♀花序

果序

果序

蒴果

種子

参 考 文 献

牧野富太郎 ： 牧野新日本植物図鑑　　北隆館　　　　　　　　1961

四手井綱英 ・ 斎藤新一朗 ： 落葉広葉樹図譜 冬の樹木学　　共立出版　1978

鮫島惇一郎 ・ 辻井達一 ： 北海道の樹　北海道大学図書刊行会　　　1979

北村四郎 ・ 村田 源 共著 ： 原色日本植物図鑑 木本編II　　保育社　1979

鮫島惇一郎 ： 北海道の樹木　北海道新聞社　　　　　　　　　　1986

佐竹義輔 ・ 原 寛 ・ 亘理俊次 ・ 冨成忠夫 編 ：

　　　　　　　　　日本の野生植物 木本 I　　平凡社　　1989

佐藤孝夫 ： 北海道樹木図鑑　亜璃西社　　　　　　　　　　　　1990

海老沢巳好 ： 北見のヤナギ　北網圏北見文化センター協力会博物部会　2003

大橋広好 ・ 門田裕一 ・ 邑田 仁 ・ 米倉浩司 ・ 木原 浩 編 ：

　　改訂新版 日本の野生植物 第3巻 バラ科～センダン科　　平凡社　2016

あ と が き

　早春を告げるネコヤナギといえば、常呂川の河川敷がまだ一面に雪に覆われ、朝の気温が氷点下20度にも下がる冬のうちから、花芽がほころび灰色の絹毛が顔を出してくる。一枝折って一輪挿しに挿し春の来るのを楽しむ、春の日差しをガラス越しに受け、膨らんで来るヤナギの花を見て、この木の正しい名前が分かれば更にヤナギに親しみをもつことができると思う。

　北見市内で見られるヤナギの種類を少しでも正確に見分けることができるように、ヤナギの木の春の開花、夏の緑濃い葉の特徴、秋の落葉後の木の幹、小枝を写真に撮り特徴を解説してみた。手にしたヤナギの小枝と照らし合わせて利用いただければ幸いです。

　この冊子をまとめるのに、斜里町立知床博物館学芸員内田暁友氏には、専門的立場より本冊子の、用語の使い方、学名の訂正、文章の書き方、誤字脱字まで指導助言を、北見草の会会員の皆様には観察会で数々の助言、生育地案内を頂いた、ここに各氏に心から厚く感謝申し上げる。参考文献に上げた図鑑からは説明文を原文に近い形で引用させていただいたことについて、執筆者にご容赦頂き、深い研究に謝意を表します。

　　　　　　　　　　　　　　　　　　　　　　　2019年　　12月

　　　　　　　　　　　　　　　　　　　　　　　村 松 詮 士

和 名 索 引

北見の植物シリーズ4　北見のヤナギ

2022年2月11日　第1刷発行

著　者 ─ 村松　のりひと

発行者 ─ 佐藤　聡

発行所 ─ 株式会社 郁朋社

　　　　　〒101-0061　東京都千代田区神田三崎町 2-20-4
　　　　　電　話　03（3234）8923（代表）
　　　　　ＦＡＸ　03（3234）3948
　　　　　振　替　00160-5-100328

印刷・製本 ─ 日本ハイコム株式会社

落丁、乱丁本はお取り替え致します。

郁朋社ホームページアドレス　http://www.ikuhousha.com
この本に関するご意見・ご感想をメールでお寄せいただく際は、
comment@ikuhousha.com　までお願い致します。